Champignons et champignons vénéneux

Comment distinguer facilement les différences entre les champignons comestibles et vénéneux

Worthington George Smith

Writat

Cette édition parue en 2024

ISBN : 9789359947372

Publié par
Writat
email : info@writat.com

Contenu

PRÉFACE.

« LA PREUVE DU *Champignon* EST EN TRAIN DE MANGER. « J'ai constamment mangé toutes les espèces figurant sur la « Feuille comestible », et bien d'autres qui n'y figurent pas. Rares sont ceux, j'imagine, qui s'attendront à ce que j'aie mangé toutes les espèces de la « Feuille empoisonnée », portant, comme eux, des adjectifs tels que « sombre », « ardent », « satanique », « enflammé », etc.

Cependant, il y a des années, sans guide approprié et avec très peu d'expérience, j'ai plus d'une fois fait personnellement connaissance des qualités désagréables d' *une ou deux espèces dangereuses* , dont les détails seront trouvés à l'endroit approprié.

Si les brèves descriptions suivantes sont utilisées en relation avec les deux feuilles de dessins que j'ai copiées d'après nature et transférées moi-même sur les pierres (ou en référence aux grands dessins du Bethnal Green Museum), personne qui soit capable de distinguer une chose d'une autre doit craindre de se tromper.

Je serai heureux de vous donner des informations sur toute espèce qui me sera transmise en port payé.

GT SMITH.

15, MILDMAY GROVE, LONDRES, N.

OBSERVATIONS INTRODUCTIVES.

"...... Oh, qui peut le dire Le pouvoir caché des Hebes et la puissance des sorts magiques ? SPENSER.

Peut-être qu'aucun autre pays ne peut rivaliser avec la Grande-Bretagne pour le grand nombre d'espèces comestibles de champignons qui peuvent être récoltées à toutes les saisons de l'année, d'un bout à l'autre du pays. Les pâturages et les forêts en regorgent littéralement ; ils sont cependant (c'est triste à dire) peu connus, tristement négligés ou considérés avec une suspicion imméritée. La littérature sur le sujet est également si petite et la partie scientifique de l'étude si extrêmement difficile à commencer, que peu de personnes osent tester les qualités d'un champignon autre que le champignon des prés, et les exemples sont assez fréquents où même ce champignon l'espèce est rejetée. Il est évident que personne ne peut être un guide sûr pour les autres s'il n'est lui-même un « *mangeur de champignons régulier* », et qu'aucune description ne peut avoir de valeur, ni aucun dessin utile, à moins qu'ils ne soient extraits avec le plus grand soin des objets eux-mêmes. . Au mieux de mes capacités, j'ai tenté cela et je souhaite persuader d'autres de tester les rares qualités gastronomiques des vingt-neuf espèces représentées. Le nombre décrit et dessiné ici ne représente qu'une très petite partie des espèces réellement précieuses, car je sais bien qu'en tant que débutant dans l'étude, j'ai commis toutes sortes d'erreurs ; mais, à une exception près, j'ai rarement souffert de beaucoup d'inconvénients, et je connais même des cas où des espèces reconnues comme venimeuses ont été mangées sans effet néfaste. Un peu de prudence, trop souvent négligée, doit être observée dans la consommation des champignons : par exemple, il ne faut cueillir pour la table que des spécimens jeunes, frais et sains, car si l'on choisit des plantes rassis, semi-putrides et vermoulues, , ils sont aussi susceptibles de produire une indigestion et des inconvénients que la viande dans un état similaire ; il faut les consommer avec modération, car un excès de champignons doux est aussi susceptible de perturber les organes digestifs qu'un excès de pâtisserie. Si ces précautions sont respectées et qu'une quantité modérée de pain, de sel, de poivre et de bon sens est utilisée, aucun accident ne doit se produire. Laissez les spécimens être cuits dès que possible après la récolte.

Même si la déclaration suivante peut être difficile à comprendre, il n'en reste pas moins que beaucoup d'hommes *ne savent pas du tout ce qu'est un champignon, mais qu'ils mangent n'importe quoi* . Je vais donner un exemple : il y a un an ou deux, un homme du nord de l'Angleterre a cuisiné une grande quantité de ce qu'il appelle des champignons pour le dîner, et a réussi à empoisonner sa femme et sa famille à *mort* , et lui-même presque à mort. Certaines des choses qu'il cuisinait m'ont été envoyées pour identification, et voilà ! il avait rassemblé tout ce qui lui tombait sous la main ; grands et petits, doux et fétides – du fumier de cheval et des palissades pourries, et de partout où il pouvait trouver quelque chose avec une tige et un sommet à la manière d'un parapluie. Après avoir enterré sa famille et retrouvé la santé, il entra négligemment dans un puits et se tua ou se blessa gravement – j'oublie lequel. Je mentionne cela pour montrer quel genre d'hommes ils sont qui s'empoisonnent avec des champignons. Ils s'empoisonneraient avec n'importe quoi d'autre s'ils en avaient l'occasion ; se mettrait sous une roue de charrette ou ferait n'importe quelle chose absurde.

Les vingt-neuf espèces représentées sur la « Fiche comestible » sont pour la plupart abondantes et immédiatement reconnaissables lorsqu'elles sont observées, et chacune d'entre elles constitue un aliment sain et délicieux, plein d'arômes et de saveurs. J'invite mes lecteurs à participer à ce festin abondant réparti dans nos riches pâturages et nos forêts ombragées partout dans le pays pour tous ceux qui souhaitent y participer.

« Champignons et champignons vénéneux. » – Ces deux mots englobent l'ensemble des connaissances possédées par le grand public concernant l'immense tribu de champignons de ce pays. Si nous prenons comme exemple le champignon de type champignon, nous avons environ sept cents espèces, possédant toutes une certaine similitude générale de forme. Cela a amené beaucoup à considérer les champignons communs comme des productions équivoques, difficiles ou impossibles à distinguer comme espèces permanentes ; mais une fois l'étude sérieusement entreprise, l'étudiant s'apercevra bientôt que les espèces, en règle générale, sont marquées d'une grande netteté et d'une grande permanence, ce qui rend la reconnaissance de la plupart d'entre elles aussi certaine que celle de n'importe quelle espèce de plante à fleurs.

Lorsqu'on embrasse l'étude de l'ensemble des champignons britanniques, il est vrai que la route se heurte à de nombreuses difficultés, car nous trouvons certaines plantes très proches des algues et d'autres des lichens ; mais lorsqu'on se propose de distinguer seulement les champignons les plus gros, la tâche est beaucoup plus facile, le nombre étant limité à environ douze cents espèces. Si l'on considère les ordres AGARICINI et POLYPOREI (qui comprennent plus de huit des douze cents espèces) comme un type approximatif des plus gros champignons, on verra que ces plantes sont principalement constituées d'une tige et d'un chapeau. Contrairement à la plante à fleurs, le champignon n'a pas de racine ; mais, à sa place, le mycélium, ou le blanc, d'où jaillit le champignon. Sous le sommet se trouvent certaines branchies ou plaques, tubes, pores ou épines, qui portent les spores (ou graines). Ces spores se distinguent des vraies graines par l'absence d'embryon, une spore constituée simplement d'une *cellule à double enveloppe sans trace d'embryon* . Ces spores sont des objets microscopiques de formes, de dimensions et de couleurs diverses, le produit d'une seule plante atteignant, dit-on, le nombre énorme de dix millions ; lorsqu'elles tombent sur la terre, ou sur toute matrice appropriée, elles germent et forment le frai qui produit finalement un champignon infantile, la contrepartie exacte du producteur original des spores.

Nous n'avons qu'une seule espèce communément reconnue comme esculente, à savoir le champignon commun des prés (*Agaricus campestris*). Un allié très proche du « champignon des prés » et une espèce des plus délicieuses lorsqu'il est frais, à savoir le soi-disant « champignon de cheval » (*Agaricus arvensis*), est presque toujours rejeté par les gens de la campagne comme dangereux. Cette espèce grande et saine est celle couramment vendue au marché de Covent Garden comme véritable champignon, où, si des spécimens *frais* peuvent être obtenus, elle constitue un ajout bienvenu à la table. Le champignon rond de fée (certainement l'un des champignons les plus exquis et délicieux) est généralement négligé ou considéré avec une grande méfiance. Sous le nom de « champillion », cependant, il est bien connu des tisserands et des ouvriers de l'est de Londres, qu'on peut voir le cueillir en nombre considérable chaque jour d'automne parmi les herbes courtes de Victoria Park. La « Chantarelle » parfumée et succulente, la « rare Morel » et la douce et tendre boule géante sont presque universellement *mises* de côté ou complètement négligées. Parmi les espèces *censées* être populaires se trouve *Agaricus personatus* , qui serait vendu au marché de Covent Garden. Je ne l'ai jamais vu là-bas, ni entendu parler de sa présence. Dans l'ouest de l'Angleterre et dans d'autres endroits, j'ai entendu dire que ces plantes étaient appelées « Blue-its » (Blewits), en référence à la couleur bleue autour de la partie supérieure de la tige. C'est une espèce des plus substantielles et des plus délicieuses, et qui devrait être mieux connue ; mais j'imagine que c'est plutôt rare, car je l'ai rarement recueilli ; bien que jusqu'à tout récemment, il poussait près de Highbury Barn. Le champignon de Saint-Georges, qui pousse sur nos pelouses et nos pâturages au printemps (*Agaricus gambosus*), est peu connu et très rarement consommé. Étroitement allié à l'*A. personatus* , il est, si possible, plus délicieux et peut être facilement séché pour une utilisation hivernale. Le champignon écailleux semi-populaire, *Agaricus procerus* (sauf des fongologues), est très peu connu, mais ses propriétés esculentes sont de très haut niveau, et il a le mérite d'être commun. On dit qu'il est parfois vendu au marché de Covent Garden, mais je ne l'ai jamais vu là-bas et je ne connais personne qui l'ait vu. Avec la truffe, il faut terminer la liste des champignons qui sont parfois consommés lors d'occasions exceptionnelles, ou qui peuvent être imparfaitement connus de quelques-uns qui n'ont pas étudié le sujet. Cette espèce apparaît sur nos marchés en quantités limitées (il y a très peu de demande), et réalise à partir de 2 *s.* 6 *j.* à 5 *s.* par livre. La déclaration qu'ils récupèrent à partir de 15 *s.* à 20 *s.* par livre sur les marchés de Londres est, je crois, incorrect. Il faut également rappeler que nos truffes anglaises n'appartiennent pas à la même espèce que les délicieuses truffes vendues sur les marchés français.

Il n'y a pas d'autre moyen de distinguer un champignon vénéneux d'un champignon comestible qu'en découvrant son nom ; il n'existe pas de moyen magique d'éviter la peine d'apprendre en insérant une cuillère en argent dans un ragoût. Si, en goûtant un champignon, il brûle la langue comme le contact d'une eau bouillante (comme le font plusieurs espèces), il est probable qu'il ne soit pas comestible ; mais si, au contraire, une espèce exhale un parfum délicieux et invitant ressemblant à celui d'un fruit, d'une épice ou d'une farine nouvelle, cela vaut probablement la peine d'un essai et, même *s'il ne* figure pas sur la « feuille comestible », peut être essayé avec précaution pour le table si vous le souhaitez.

Un caractère important à observer chez les champignons est la présence d'une volve, ou matrice, à la base de la tige (présente sur les figs. 7 et 8, absente sur les figs. 11 et 12, Feuille toxique), et dans l'anneau, ou anneau, autour de la tige vers le haut (présent sur les fig. 1 et 7, absent sur les fig. 14 et 15, Feuille vénéneuse). Dans la détermination des espèces, beaucoup dépend aussi de la couleur des spores ou des graines. Ceux-ci sont facilement obtenus en retirant la tige de l'espèce à examiner et en plaçant les branchies supérieures le plus bas sur un morceau de verre. En quelques heures, les spores se déposeront dans une épaisse poussière et varieront (selon les espèces) du blanc pur au rose, jaune, rouge, brun, violet ou noir de jais. Les branchies tirent souvent leur couleur des spores. C'est une très grave erreur d'imaginer que le « champignon soudain » pousse en une seule nuit. La croissance des champignons prend un temps considérable, souvent plusieurs semaines. Les jeunes champignons existent juste sous ou à la surface de la terre dans un espace comprimé et rétréci. C'est pendant cette période que se forment toutes les cellules et que le champignon lui-même se façonne ; mais, étant sous une forme pressée et concentrée, il est souvent négligé. A l'arrivée d'une nuit humide ou humide, les cellules formant le champignon se dilatent et s'étendent, et le champignon est par conséquent projeté considérablement au-dessus de la surface du pâturage ; mais, bien qu'il soit beaucoup plus gros en volume, il n'est pas plus lourd, et la substance elle-même n'a pas non plus augmenté considérablement. Les champignons peuvent être multipliés artificiellement à partir des graines ou des spores, mais généralement pas au cours de la première saison de nouaison. J'ai fréquemment cultivé à partir des graines les espèces fragiles et déliquescentes communes sur le fumier ; mais, même lorsque le frai est une fois formé, il faut souvent plusieurs semaines avant que les petites têtes ne deviennent la véritable figure des parents, même chez les espèces encrées, fugitives et déliquescentes. *Coprinus atramentarius* peut être facilement cultivé à partir de spores ; s'ils sont plantés sur du bois pourri à l'automne, les champignons apparaîtront à la fin du printemps et donneront deux récoltes par an jusqu'à épuisement du sol. J'ai exposé une variété cultivée de cette espèce lors des réunions de la Royal Horticultural Society.

Je n'ai pas jugé nécessaire de répéter de longues descriptions sur la façon dont les diverses espèces peuvent ou non être cuites ; cela a déjà été fait dans une large mesure auparavant. Il est évident que l'ajout d'une « bonne sauce de bœuf », de « quelques tranches de volaille », d'une « riche farce de veau » et de divers autres condiments savoureux, doit parfois donner un piquant supplémentaire à un plat de champignons ; mais grillées, mijotées ou marinées, la plupart des espèces sont « toujours bonnes pareilles » ; en effet, les champignons, dans toute leur composition, ressemblent à la viande d'une manière si remarquable, que toutes les méthodes de cuisson en vogue pour les préparations délicates de viande, s'appliquent avec la même force aux champignons. Mme Hussey et M. Cooke donnent chacun un grand nombre de *recettes* pour préparer ces légumes pour la table ; et à tout lecteur qui souhaiterait approfondir la branche culinaire de la fongologie, je dois le renvoyer à ces auteurs. Je dois avouer que je considère qu'aucune préparation de champignons ne peut dépasser la saveur délicieuse, invitante et reconnaissante que possèdent les champignons lorsqu'ils sont simplement frits avec du beurre, du sel et du poivre.

Les diverses espèces susceptibles d'être conservées pour un usage futur, telles que la morille, le champignon, etc., peuvent être facilement séchées dans un courant d'air, dans une fenêtre ensoleillée ou dans un four frais, puis conservées dans des boîtes de conserve ou filetées. sur ficelles et conservé dans un endroit très sec. Parfois, ce processus va plus loin et les champignons (de toutes espèces) sont séchés à un point tel qu'ils peuvent être facilement pulvérisés ; la poussière est alors connue et vendue sous le nom de « poudre de champignon ». Les ménagères vont de temps en temps mariner les champignons en les jetant dans du vinaigre bouillant, en les laissant bouillir pendant une dizaine de minutes, puis, en ajoutant du poivre de Cayenne, du macis, de la muscade ou des épices, les adapter à leurs différents goûts.

La liqueur extraite des différents champignons comestibles, sous le nom de « ketchup », est utilisée dans toutes les cuisines, et le mode de préparation est probablement connu de tous. Cela consiste simplement à placer les plantes fraîchement cueillies dans des jarres en terre recouvertes de couches de sel ; au bout de quelques heures, le ketchup exsude abondamment des champignons ; et le processus est finalement complété en écrasant les restes des champignons avec les mains. Il doit ensuite être filtré et bouilli avec des épices et du poivre, ou filtré et mis en bouteille, et les bouteilles bouchées et écaillées placées pendant plusieurs heures dans de l'eau bouillante. Le ketchup doit ensuite être conservé dans un endroit frais et très sec.

Presque toutes les espèces figurant sur la fiche comestible produiront du ketchup de bonne qualité si elles sont traitées avec du sel dans un pot en terre. Le Champignon et le Champignon de Cheval peuvent être spécialement désignés pour produire ce condiment d'excellente qualité.

Le jus qui s'échappe de la truffe bouillante est très apprécié par beaucoup, tout comme le jus rouge sang profond qui s'écoule du « champignon du foie » une fois coupé. Celui-ci, assaisonné de sel et de poivre et bouilli, a une saveur très délicieuse et stimulante.

Depuis que ces notes et les descriptions suivantes ont été rédigées, mon ami M. FC Penrose, architecte, m'a envoyé une liste de vingt-huit espèces qu'il a mangées, dont la plupart sont figurées sur la « Feuille Comestible » ; les autres espèces mentionnées par lui et non figurées sur la fiche sont mentionnées dans les descriptions.

La nomenclature des espèces est la même que celle donnée par le Révérend MJ Berkeley dans ses « Outlines of British Fungology » ; les chiffres insérés après le nom *scientifique* font référence à mes grands dessins conservés au département alimentaire du Bethnal Green Museum, où, si l'étudiant le souhaite, il peut voir des dissections de l'espèce.

CHAMPIGNONS COMESTIBLES.

―――――

Champignon à chair rouge. Fig. 1.

(*Agaricus* [*Amanite*] *rubescens.*) 7.

Cette espèce est généralement abondante dans tous les endroits *boisés* , faisant sa première apparition au début de l'été et se poursuivant jusqu'à la fin de l'automne. Il est connu par son sommet verruqueux brun, ses branchies blanches et son anneau parfait entourant la tige bulbeuse. Il atteint fréquemment une grande taille, et toute sa substance, lorsqu'elle est touchée, meurtrie ou brisée, *devient rouge sienne* . Cette espèce est l'une des plus belles et des plus précieuses de tous les agarics britanniques. Si l'on prend soin de sélectionner uniquement des spécimens jeunes et frais, lorsqu'ils seront préparés pour la table, ils constitueront un ajout très léger et délicat à n'importe quel repas. M. Berkeley ne souscrit pas à l'excellence de cette espèce ; mais d'après ma propre expérience et celle de nombreux amis, je *sais bien que c'est délicieux et parfaitement sain* . M. Penrose m'écrit : « *Les vieux spécimens* sont très indigestes. » J'imagine que cela contient tout le secret de son nom discutable parmi ceux qui l'ont (ou non) essayé.

Champignon tube comestible. Figure 2.

(*Boletus edulis.*) 610.

Atteignant fréquemment des dimensions énormes et apparaissant pour la première fois pendant les pluies d'été ou du début de l'automne, ce champignon est l'une de nos espèces les plus communes et les plus délicieuses. Comme ce dernier, il pousse dans les bois et les forêts, et peut être immédiatement reconnu par les caractères suivants : il est généralement très gros, avec un sommet lisse, terre d'ombre, en forme de coussin, des tubes d'abord blancs et finalement vert jaunâtre pâle ; tige brun blanchâtre, marquée d'un *minuscule* réseau réticulé blanc et très élégant, principalement près du sommet de la tige sans anneau ; lorsqu'il est coupé ou cassé, le corps charnu de la plante reste d'un blanc pur. Dans cette espèce, comme dans toutes les autres espèces, il convient de sélectionner de jeunes spécimens sains, et il vaut peut-être mieux gratter les tubes avant de les préparer pour la table. Qu'elle soit bouillie, cuite avec du sel, du poivre et du beurre, frite ou rôtie avec des oignons et du beurre, cette espèce se révèle être l'un des aliments les plus délicieux et les plus tendres jamais soumis à l'opération de cuisson. Ce n'est pas la plante dont parlent les anciens poètes satiriques romains ; mais à Rome (aujourd'hui) cette espèce, en compagnie des pêchers et *de l'Agaricus cæsareus* , est vendue à tous les coins de rue, notre champignon commun des prés, quoique assez abondant là-bas, étant négligé.

B. scaber (615) est parfois consommé. D'après son expérience personnelle, M. Penrose déclare : « Les jeunes spécimens sont bons, vieux, très plats. »

B. æstivalis (612) est d'une rare excellence ; il apparaît au début de l'été, parfois en abondance, à Highgate.

Avant de bien connaître *B. edulis* , j'en mangeais par erreur toutes sortes de *Boleti* , notamment *B. chrysenteron* .

Champignon variable. Figure 3.

(*Russula hétérophylla.*) 522.

C'est une espèce très commune dans les bois, connue pour son doux goût de noisette ; branchies blanches, rigides, parfois ramifiées ; chair blanche; tige blanche, solide, charnue et sans anneau ; et sommet ferme, de couleur variable, qui est d'abord convexe, puis concave. La couleur de la fine peau visqueuse recouvrant le dessus du champignon est généralement d'un vert atténué, mais (comme son nom l'indique) la couleur est variable : tantôt elle se rapproche du jaune verdâtre, ou du lilas, tantôt du gris ou du violet obscur ; mais il est si commun et si bien marqué qu'avec l'aide de la figure, on ne craint pas de le prendre pour autre chose. Il existe une plante *plus grosse* , plus rigide, aux branchies fourchues et au goût amer (*R. furcata*), qu'il vaut mieux éviter. Une troisième Russule verte (*R. virescens*), immédiatement connue par sa substance rigide, son sommet fragmenté en larges plaques rugueuses vert émeraude, et sans peau visqueuse, constitue un excellent complément à la table.

Russula hétérophylla est très appréciée par beaucoup et est certainement l'une des espèces les plus douces et les plus douces que nous ayons. Il est excellent cuit au four, avec du sel, du poivre et du beurre, entre deux plats.

Bougie Clavaria. Figure 4.

(*Clavaria vermiculata.*) 843.

Cette espèce est fréquemment très commune dans les pâturages et les prairies, sur les pelouses et au bord des routes, par temps pluvieux d'automne. Il pousse en bottes ; est fragile; les massues sont pointues et très *blanches* . Si quelques paquets sont rassemblés, nettoyés et cuits ou grillés, ils formeront un complément nouveau et savoureux à n'importe quel plat, et une fois essayés, ils seront recherchés avec impatience à l'avenir. *Les Clavarias* colorées feraient mieux de rester là où elles poussent, car leurs qualités gastronomiques sont douteuses.

Champignon des prés. Figure 5.

(*Agaricus* [*Psalliota*] *campestris.*) 316.

On pourrait écrire un gros volume sur cette espèce, la seule communément reconnue dans ce pays comme comestible. Il est commun dans les riches prairies partout, peut-être dans le monde entier, et varie d'une manière remarquable, par des gradations imperceptibles se rapprochant et se mêlant au champignon cheval, fig. 9 : ses variétés se distinguent par cinq ou six noms différents, mais les caractères se rejoignent tellement, et sont souvent si légers et si passagers, qu'ils sont souvent difficiles à apprécier. Une forme pousse dans les bois (*A. silvicola*). Je l'ai souvent récolté dans les bois de Highgate, mais, à cause de son aspect suspect, je ne conseillerais pas son usage général ; même si j'en ai souvent mangé sans effet néfaste. Il existe une autre très belle variété que j'ai fréquemment récoltée dans les prairies du côté sud des bois de Lord Mansfield à Hampstead (*A. pratensis*), avec un sommet très poilu, les poils regroupés en plaques comme l'hermine. Lorsqu'elle est brisée, la chair prend une couleur rose pâle mais vive. Si possible, cette forme dépasse en excellence et en piquant de saveur la forme commune de nos pâturages. Plusieurs variétés bien distinctes sont cultivées en plates-bandes et en fourneaux, qui apparaissent occasionnellement sur nos marchés ; mais aucun ne surpasse notre délicieux champignon des prés indigène, que l'on trouve à l'automne dans les riches pâturages.

Bonâ fide sont connus par leurs belles branchies roses (dans quel état ils sont les mieux adaptés à leur utilisation), devenant finalement brun foncé et n'atteignant pas la tige, laquelle tige porte un anneau laineux blanc bien marqué ; par le sommet très charnu et couvert de duvet, le parfum délicieux et alléchant et la chair blanche et ferme, parfois teintée de rose lorsqu'on la coupe ou la casse : la plante est si connue et si estimée dans ce pays qu'il est à peine besoin d'en dire un mot en sa faveur, ou répéter les méthodes de préparation pour la table. Le beurre, les épices, le persil, les herbes douces, le sel, le poivre et parfois le jus d'un citron semblent être les plus demandés ; mais qu'il soit bouilli, mariné, mijoté, frit ou préparé de toute autre manière, il est également délicieux en tous. Il apparaît rarement au marché de Covent Garden ; les marchands s'y contentent de trouver à vendre, à un prix élevé, des champignons de cheval rassis. On a beaucoup écrit à diverses époques sur l'apocryphe « inspecteur des marchés romains », qui expédiait les champignons vers le Tibre, mais les faits ont été très exagérés. *L'Agaricus campestris* n'est généralement pas apprécié en Italie, est rarement consommé et n'apparaît jamais sur les marchés, pour la simple raison qu'il ne serait pas vendu. Il existe un édit ordonnant de jeter certains champignons dans le Tibre, mais il est maintenant et est depuis longtemps complètement caduque ; et bien qu'il y ait une abondance d' *A. cæsareus* (par certains disent que c'est le plus délicieux de tous les champignons) pour les marchés d'Italie, il ne faut pas s'attendre à ce que la consommation de cette dernière plante soit abandonnée pour une autre et moins grande quantité. -espèces connues. Il est probable qu'on trouvera un jour *Agaricus cæsareus dans les parties méridionales de ce pays ;* si tel est le cas, on le reconnaîtra à son sommet cramoisi lisse *et sans verrues* , à ses branchies jaunes et à sa grosse tige blanche jaillissant d'une grande enveloppe à la base (comme fig. 7, Feuille empoisonnée).

Ce n'est pas sans raison que le ketchup à base de champignon des prés est considéré comme le meilleur, bien qu'il puisse être obtenu à partir de nombreuses autres espèces. J'ai vu des personnes cueillir des champignons pour le ketchup (à vendre sur les marchés), mettant presque n'importe quoi dans leur panier, à condition que l'espèce paraisse susceptible de produire un jus noir.

J'ai connu des vaches très friandes de champignons ; et un de mes amis à la campagne (qui a vu plus d'une fois ses vaches, le matin, aller de champignon en champignon jusqu'à ce qu'elles soient toutes consommées) parcourt régulièrement ses pâturages chaque matin d'automne, avant que le bétail ne soit rentré, pour sécuriser la première récolte de champignons. Les moutons, les écureuils, les oiseaux et de nombreux autres animaux mangent généralement des champignons crus et d'autres champignons.

Champignon à branchies jaunes. Figure 6.

(*Russula alutacea.*) 536.

C'est l'un des principaux ornements de nos bois en été et en automne, et on le reconnaît facilement à ses branchies épaisses, qui sont d'une couleur jaune chamois discrète mais décidée, et à son sommet rouge quelque peu visqueux ou pourpre pâle. La tige est grosse, blanche ou rose, sans anneau et solide ; la plante entière est charnue et souvent très grande. Les branchies le distinguent immédiatement du champignon émétique (fig. 21, Feuille empoisonnée), car chez ce dernier elles sont d'un blanc pur et le restent toujours ; il existe aussi d'autres grandes différences entre les deux espèces signalées dans la description du champignon émétique.

Le goût de *Russula alutacea* est particulièrement agréable et doux, et, bien préparées pour la table, peu d'espèces s'avèrent plus satisfaisantes pour le consommateur. Le Dr Badham (par erreur) s'y oppose.

Clavaria sillonnée. Figure 7.

(*Clavaria rugosa.*) 827.

Cette espèce, commune dans les endroits boisés, est généralement d'un blanc pur, d'un gris pâle ou nuancée de couleur crème ; les massues sont irrégulières, quelque peu ridées et dures. Traité de la même manière que *C. vermiculata* , il se révélera également acceptable, agréable et nouveau. On pense que toutes les espèces à spores blanches sont esculentes.

Je n'ai pas essayé *C. coralloides* , une espèce voisine, très ramifiée, mais elle est estimée comme esculente.

Chantarelle. Figure 8.

(*Cantharellus cibarius.*) 539.

La chantarelle ne peut pas être qualifiée de très commune, mais elle est abondante dans de nombreuses régions ; sa tige solide et sans anneaux, son corps charnu, ses épaisses veines gonflées à la place des branchies et sa couleur jaune brillant servent à la fois à le distinguer de toutes les autres espèces. « Son odeur, dit Berkeley, ressemble à celle des abricots mûrs. » Parfois (comme je l'ai souvent vu dans la forêt d'Epping et ailleurs) des nombres immenses grandissent ensemble ; à d'autres moments, ils sont très peu nombreux. Les Chantarelles couvrent souvent un talus de haies où se trouvent des arbres à proximité ; et partout où ils apparaissent, ils doivent susciter l'admiration du passant, car ils semblent faits d'or massif. Lorsqu'elle est cuite, cette espèce a une riche saveur de champignon qui lui est particulière, et peut être préparée pour la table de diverses manières, selon la fantaisie du consommateur : mais étant grosse et solide, elle doit être coupée ; et, s'il est cuit, laissé mijoter doucement et servi avec du poivre, du sel et du beurre. Il existe une variété curieuse, mince, pâle et élancée, qui pousse dans les pâturages autour de vieilles souches, que je n'ai jamais mangée, et de par son aspect curieux, son habitat et sa rareté relative, je pense qu'elle ne vaut guère la peine d'expérimenter, mais cela peut être esculent. Il existe une variété de chantarelle très pâle, presque blanche, et une autre sans odeur d'abricot.

Champignon de cheval. Figure 9.

(*Agaricus* [*Psalliota*] *arvensis.*) 317.

Cette espèce, l' *A. exquisitus* du Dr Badham, est très proche du champignon des prés et pousse fréquemment avec lui, mais elle est plus grossière et n'a pas la même saveur délicieuse. Il est généralement beaucoup plus grand et atteint souvent des dimensions énormes ; et il devient jaune brunâtre dès qu'il est cassé ou meurtri. Le dessus des bons spécimens est lisse et blanc comme neige ; les branchies ne sont pas du rose pur du champignon des prés, mais d'un blanc brunâtre sale, devenant finalement brun noir. Il a un gros anneau floconneux déchiqueté et sa tige moelleuse a tendance à être creuse. C'est l' espèce exposée à la vente au Covent Garden Market. En effet, après avoir connu le marché pendant de nombreuses années, j'y ai rarement vu d'autres espèces ; Mais quand le vrai champignon *est* là, il est fréquemment mêlé aux champignons de cheval, ce qui semble montrer que les marchands ne se connaissent pas. Dans les journées humides de l'automne, les enfants, les oisifs et les mendiants parcourent quelques kilomètres de la ville dans les prairies pour cueillir tout ce qu'ils peuvent trouver dans la rangée de champignons ; ils apportent ensuite leur stock sale au marché, où il est vendu à des acheteurs à la mode ; rassis, insipide et sans goût mais mauvais.

Lorsqu'il est jeune et frais, le champignon de cheval est un ajout très apprécié à la carte du tarif ; il donne une sauce abondante et la chair est ferme et délicieuse. C'est une plante précieuse lorsqu'elle est fraîchement cueillie ; mais une fois rassis, il devient dur et coriace, et sans arôme ni jus.

Il existe une curieuse grande variété brune et velue, plutôt rare, semblable à la variété velue du champignon des prés, l' *A. villaticus* du Dr Badham (donnée par erreur par le révérend MJ Berkeley comme une variété du champignon des prés). champignon, et depuis corrigé par lui). C'est une plante magnifique, mais je pense qu'elle est très rare. Je ne l'ai vu qu'une fois.

Il existe également une autre grande variété, rouge sienne, d'apparence rêche, que j'ai souvent récoltée dans certaines situations sous les arbres, etc., et que peu de gens seraient tentés de manger ; c'est probablement une chose luxuriante, envahissante, désagréable, qui donnerait mal au ventre, et qui, à la place d'espèces meilleures, ne vaut pas la peine d'être expérimentée.

Beaucoup de gens de la campagne distinguent facilement le champignon des prés du champignon du cheval et ont une grande antipathie à l'égard de ce dernier, bien qu'ils soient toujours disposés à le mettre dans le pot comme l'un des ingrédients du ketchup. Les avis semblent très divergents quant à l'excellence de cette espèce. M. Penrose écrit : « Je pense que les jeunes spécimens, et surtout les spécimens en boutons, sont très indigestes ; jusqu'à ce qu'ils soient bien ouverts, ils sont impropres à l'usage. Toutefois, je dois dire que telle n'est pas mon expérience des spécimens de boutons.

Une forte odeur est attachée à la fois à ce champignon et à ses œufs, le sol juste sous la surface étant souvent blanc avec ces derniers. Si l'on jette du fumier de cheval dans un riche pâturage fréquenté par des animaux graminivores, la terre présentera fréquemment une blancheur neigeuse provenant du frai de cette espèce, d'où on peut voir surgir les jeunes individus. Le spécimen représenté n'est pas entièrement développé, mais il est représenté dans l'état le plus approprié pour le tableau.

Une fois, j'ai vu un mouton manger un gros spécimen avec un grand enthousiasme apparent, même si le champignon était plein d'asticots.

Champignon pomme de pin. Figure 10.

(*Agaricus* [*Amanite*] *strobiliformis.*) 5.

Si l'on laisse de côté la couleur, aucune espèce d'agaric plus belle que celle-ci ne pousse dans le pays. Il atteint une très grande taille chez les spécimens bien développés, mais il est rare. Je ne l'ai trouvé qu'une seule fois, puis il a été répandu en abondance le long des bordures d'une plantation de sapins dans le Hampshire, non loin de Winchester. La chair solide et compacte, l'anneau fin, la tige bulbeuse et le sommet tacheté marquent bien cette espèce. Les taches persistantes sur le dessus ne ressemblent pas beaucoup aux écailles d'une pomme de pin, d'où son nom spécifique ; les branchies n'atteignent pas la tige.

Ses qualités esculentes incontestées sont d'un ordre élevé, et il est regrettable que sa relative rareté empêche qu'il soit aussi connu et apprécié que ses mérites le méritent. Le spécimen représenté n'est pas complètement développé, moment auquel la plupart des champignons sont plus savoureux.

Espèce très commune d' *Amanite* (*A. vaginatus*), dite esculente (et mangée par M. Penrose), je n'ai pas essayé.

Champignon au lait d'orange. Figure 11.

(*Lactarius délicieux.*) 502.

Il existe peu d'espèces du *Lactarius* , ou groupe laitier, qui peuvent être recommandées à des fins culinaires. Cette espèce, cependant, et la fig. 26 sont des exceptions, et il n'y a aucune crainte de confondre le champignon au lait orange avec une autre espèce. On le reconnaît immédiatement au lait orangé qu'il exhale lorsqu'on le meurtrit, le coupe ou le casse ; ce lait devient bientôt vert terne. La plante est solide, presque liégeuse, et le sommet richement coloré est généralement, mais pas toujours, marqué de zones de couleur plus foncée, comme sur la figure. Il pousse toujours dans les plantations de sapins, et je l'ai trouvé du côté de Kentish Town à Londres, presque avant que la fumée de la ville ne disparaisse. Il est plutôt local, même s'il pousse parfois en grand nombre, mais toujours parmi les sapins. Comme plusieurs autres excellentes espèces, le goût est parfois plutôt piquant lorsqu'il est cru.

Cuisiné avec goût et soin, c'est l'un des plus grands délices du règne végétal, sa chair étant plus croustillante et plus solide que celle de nombreuses espèces.

Un ou deux champignons de lait, qu'il vaut mieux éviter, portent du lait couleur soufre, ou du lait qui prend une couleur soufre ou terre de Sienne brûlée ; ils sont figurés sur la Feuille Poisonneuse, fig. 20 et 28 ; mais *Lactarius deliciosus* ne peut jamais être confondu avec une autre plante si l'on observe le lait orange foncé (ou rouge) et finalement vert. Figues. 20 et 28 ne sont pas particuliers aux bois de sapin.

Champignon violet en toile d'araignée. Figure 12.

(*Cortinarius* [*Inoloma*] *violaceus.*) 420.

C'est l'un des champignons comestibles les plus remarquables et en même temps l'un des meilleurs pour des fins esculentes. On ne peut pas le qualifier de commun, même si je l'ai souvent trouvé près de Londres. Il semble pousser principalement dans *les endroits ouverts* des bois. Lorsqu'il est jeune, il ressemble à une boule de soie violet vif dans l'herbe, et une fois ramassée, la tige bulbeuse est presque aussi grande que le sommet lui-même. Il y a toujours une toile cotonneuse, comme une toile d'araignée (qui représente l'anneau), qui s'étend du bord du chapeau jusqu'à la tige, et cette toile prend bientôt sa couleur des spores rouges, qui sont abondamment produites, colorant les branchies et une partie de la tige est de couleur rouge, très semblable en teinte à la rouille du fer ; une fois coupée, la chair est d'une teinte lilas tamisée et ferme.

Grillé avec un steak, c'est un luxe des plus exquis, ressemblant beaucoup au champignon des prés en termes de saveur, mais en tout plus ferme, plus charnu et substantiel. Je suis toujours heureux de trouver cette espèce, et il est presque impossible de la confondre avec une autre.

Champignon à crinière. Figure 13.

(*Coprinus comatus.*) 374.

Ce champignon doit être récolté pour la table lorsque les branchies sont blanches ou virent au rose, et avant qu'elles ne soient noires, dans quel dernier état (car la plante est finalement déliquescente), il est impropre à la consommation. Si j'avais le choix, je pense qu'il n'y a aucune espèce que je préférerais à celle-ci ; il est singulièrement riche, tendre et délicieux. Ceux que l'on trouve parmi les herbes courtes, sur les pelouses ou au bord des routes sont les meilleurs ; il en existe une forme qui pousse dans les endroits sales et collants, dans les briqueteries, les décharges, etc., que je ne voudrais pas recommander. Lorsqu'il est récolté dans un riche pâturage, il est d'une blancheur neigeuse, le sommet étant quelque peu charnu, cylindrique et divisé en taches blanches ; il y a un anneau blanc, poudreux et fragile autour de la tige creuse, qui se brise bientôt et tombe.

Coprinus comatus – « l'agaric de la civilisation » – est commun dans tous les parcs de Londres en octobre. Une espèce étroitement apparentée, trouvée à la base des vieilles souches et palissades, et au sol (*C. atramentarius*), est parfois consommée. Je ne l'ai pas essayé, mais M. Penrose et plusieurs amis ont un mot à dire en sa faveur.

Champignon écailleux. Figure 14.

(*Agaricus* [*Lepiota*] *procerus.*) 13.

Agaricus procerus jouit partout d'une bonne réputation, et comme elle est loin d'être rare, les amateurs de champignons peuvent généralement s'assurer de cette espèce pour se régaler. Quand et à quelle heure il a été vendu au marché de Covent Garden, je ne le sais pas ; car bien que plus d'un livre dise qu'il y est exposé à la vente, je ne l'ai jamais vu ni pu en entendre parler. Il pousse dans les pâturages et est connu par sa longue tige bulbeuse tachetée, par l'anneau qui glisse de haut en bas, par son sommet très écailleux et ses branchies très éloignées de l'insertion de la tige. Lorsque la tige est retirée, il reste une grande douille creuse, juste l'endroit où insérer un gros morceau de beurre dans le processus de grillage, quand, avec du poivre et du sel, il forme un plat qui, une fois essayé, doit plaire aux plus exigeants. Je pense que les plantes récoltées dans les pâturages sont les meilleures. J'ai parfois trouvé des spécimens très énormes poussant dans des plantations de sapins, mais je ne les crois pas égaux pour la table aux plantes qui abondent dans les riches prairies. La chair est un peu encline à changer de couleur ; et il existe une espèce alliée, *A. rachodes*, beaucoup plus *robuste*, mais souvent plus petite, qui change de couleur en un brun jaunâtre foncé lorsqu'elle est cassée, et a une tige lisse, qui ne peut être si fortement recommandée, même si elle est saine. Je l'ai généralement trouvé poussant sur des haies sombres et ombragées, et je connais plusieurs personnes qui en ont mangé et en parlent bien.

Champignon prune. Figure 15.

(*Agaricus* [*Clitopilus*] *prunulus.*) 225.

Les branchies roses pures qui descendent considérablement le long de la tige sans anneau et l'odeur fraîche et parfumée de la farine distinguent immédiatement cette espèce de toutes les autres. Il pousse dans et à proximité des bois en automne, privilégiant évidemment les lieux ouverts et les lisières ; la tige solide et le sommet très charnu sont blancs ou d'une certaine nuance de gris très pâle. Le Dr Badham et quelques autres auteurs font référence à notre plante sous le nom d' *A. orcellus*, et certains botanistes considèrent le véritable « orcellus » et le véritable « prunulus » comme des espèces distinctes mais étroitement apparentées. Il existe également une confusion fâcheuse entre cette espèce et la fig. 19, Champignon de Saint-Georges (*A. gambosus*). Cette dernière est une plante printanière et est fréquemment et à tort appelée *A. prunulus*. Ils n'ont aucun caractère en commun et, en fait, il n'existe pas d'Agarics plus distincts.

Revenant au vrai champignon prune (fig. 15), je dirai seulement que, quelle que soit la manière dont il est préparé, il est des plus excellents ; la chair est ferme et juteuse, et pleine de saveur ; et qu'il soit grillé, mijoté ou préparé de quelque manière que ce soit, c'est un morceau des plus délicieux. Je n'en ai jamais vu en très grande quantité ; il est dispersé dans les bois au nord de Londres, mais pas en profusion.

Helvella frisée. Figure 16.

(*Helvella crispa.*) 1673.

Cette plante d'aspect singulier est presque alliée à la vraie morille et lui ressemble beaucoup par sa saveur. Il n'est guère possible de le confondre avec une autre espèce, à moins que ce ne soit la suivante, qui a le sommet noir, et qui est plus rare (*H. lacunosa*), 1674, et également esculente. *H. crispa* pousse généralement sur les berges ombragées, ou en bordure des pâturages et des pelouses, et parmi les feuilles mortes, à l'ombre des arbres. Je ne l'ai vu qu'une seule fois près de Londres, et c'était dans le quartier de Caen Wood, Hampstead ; parfois, cependant, j'en ai trouvé en quantités immenses (au nombre de centaines de spécimens) sur de riches berges en pente. La tige est pleine de rides et de trous, et le sommet est lobé et courbé d'une manière très singulière et irrégulière.

Si elle est cuite lentement et avec soin, cette espèce se révélera très agréable à manger et dégagera une délicieuse sauce. La chair est ferme et croustillante et ressemble beaucoup à la morille. Il peut être facilement séché pour une utilisation ultérieure dans un courant d'air ou dans un endroit sec ; dans cet état, les spécimens sont parfois conservés enfilés sur des ficelles, prêts à conférer leur saveur vraiment délicieuse aux ragoûts et aux sauces. (Voir description de la fig. 20.)

J'ai vu un jour un lot de spécimens qui avaient soudainement surgi près de nids de fourmis, et des milliers de fourmis se précipitaient et examinaient les champignons, et entraient et sortaient des trous dans les tiges de la manière la plus amusante.

Pleurotes. Figure 17.

(*Agaricus* [*Pleurotus*] *ostreatus.*) 179.

J'ai toujours trouvé cette espèce loin d'être rare poussant sur de vieux troncs *d'orme* , bien qu'elle ne soit pas du tout particulière quant à son habitat, apparaissant souvent sur le cytise, le pommier, le frêne, etc. Il pousse généralement en grandes masses, une plante au-dessus de l'autre, formant un très bel objet sur de vieilles tiges d'arbres. Les branchies *et les spores sont blanches* , les premières courant le long de la tige et le sommet terne, parfois presque blanc ; à d'autres, entièrement brun. Une espèce alliée, *A. euosmus* , avec des spores lilas pâles et un parfum semblable à celui de l'estragon (*Artemisia dracunculus*), n'est « pas esculente » et on dit qu'elle pousse au printemps. Je trouve généralement le premier poussant au printemps, même si on dit qu'il pousse généralement tard en automne ou en hiver.

Peut-être faut-il prendre goût à cette espèce ; mais bien qu'il soit sans doute comestible, je n'y ai jamais pensé du bien. La chair possède une certaine fermeté et produit un jus abondant et savoureux ; mais j'ai tendance à le placer comme l'espèce de moindre valeur pour les fins culinaires. Il a cependant été fortement recommandé par certains ; et un plat de cette espèce cuit devant un feu très chaud s'est révélé aussi agréable et nourrissant « qu'une demi-livre de viande fraîche ». Les goûts peuvent différer ; et peut-être l'opinion de certains de mes lecteurs différera-t-elle de la mienne s'ils essayent cette espèce, qui, à cause de son aspect particulier, il y a peu de chance de la confondre avec une autre.

Champignon à tige lilas. Figure 18.

(*Agaricus* [*Tricholoma*] *personatus.*) 65.

Bien que cette plante apparaisse parfois dans les pâturages près de Londres, elle n'est pas très commune. Il est très proche et extrêmement semblable à l'espèce suivante (fig. 19), dont il se distingue principalement par sa croissance en automne et par la présence d'une bande lilas autour de la partie supérieure de la tige. Cette tache lilas n'est cependant pas toujours présente ; et une espèce qui est entièrement (tige et sommet aussi) lilas, ou entièrement violette, doit être évitée (*A. nudus*). Le champignon toile d'araignée pourpre (fig. 12) se distingue facilement par sa rouille de branchies ferrées. Chez *Agaricus personatus,* ils sont blancs, parfois d'un blanc sale ; la tige solide et sans anneau est plutôt rugueuse ; et le dessus est lisse et extrêmement ferme et charnu ; la plante pousse tard en automne, sur les collines et dans les pâturages riches et courts.

Les avis varient un peu quant à la valeur de cette espèce à des fins gastronomiques ; mais je pense que si les jeunes plantes sont cueillies par *temps sec* et soigneusement grillées ou cuites à l'étouffée, peu de champignons se révéleront plus vraiment délicieux. D'après ma propre expérience, j'en ai la plus haute opinion ; mais la plante absorbe facilement l'humidité et, par temps humide, elle est lourde et de peu de valeur.

Tandis que ces pages parcourent la presse, mon ami, M. Thomas Moore, du Jardin Botanique de Chelsea, m'informe que cet automne (1874) il a vu de grandes quantités d' *A. personatus* exposées à la vente sur les marchés de Nottingham, sous le nom de « fonds bleus », les vendeurs affirmant que le champignon est « aussi bon que les champignons ».

Champignon de Saint-Georges. Figure 19.

(*Agaricus* [*Tricholoma*] *gambosus.*) 62.

Le champignon de Saint-Georges convient à tous les saints du calendrier. Il apparaît au printemps, à l'approche de la Saint-Georges, alors que l'on trouve peu d'autres espèces. Il est en toutes parties presque blanc, ou avec une légère tendance à l'ocre ; mais parfois la couleur est un peu plus pleine. La tige et le sommet sont singulièrement fermes, charnus et solides, et ce dernier, par temps chaud, a tendance à se fendre. Il pousse en anneaux, sur des pelouses et des pâturages riches, et dégage une odeur forte, parfumée et séduisante.

C'est un peu comme *A. crustuliniformis* (fig. 24, Feuille empoisonnée), qui en diffère cependant de diverses manières, principalement par la libération *de spores brunes* au lieu de *blanches* , comme chez *A. gambosus* . La plante vénéneuse a une odeur semblable à celle des fleurs de laurier et *pousse dans les bois en automne* .

Peu d'espèces sont plus substantielles et plus délicieuses pour la table. Je le considère (avec beaucoup d'autres) avec une faveur inhabituelle, comme l'un des délices les plus rares du règne végétal. Comme ce dernier, il absorbe l'eau et doit être récolté par temps sec. Je pense que c'est local et certainement rare près de Londres.

On l'appelle parfois à tort sous le nom d' *A. prunulus* .

Morille comestible. Figure 20.

(*Morchella esculenta.*) 1668.

Je connais un bois dans le Bedfordshire appelé « Morel Wood », où, au printemps, *abonde ce champignon rare et délicieux* . Il est généralement loin d'être commun et se rencontre peut-être en plus grande abondance dans le sud de l'Angleterre. Il semble cependant être assez connu et généralement demandé par les ménagères du Nord et du Sud, pour la saveur vraiment exquise qu'il confère aux sauces et aux plats préparés ; et étant facilement séché, il peut être conservé pour une utilisation immédiate à n'importe quelle saison de l'année. La figure montre exactement à quoi ressemble la Morel ; le sommet alvéolé et dénoyauté est *creux* , et la tige presque lisse l'est en partie. Cela donne un délicieux ketchup ; et le dessus creux, bien farci de veau haché et garni entre des tranches de lard, est un plat d'une saveur rare et exquise.

Cette notice sur la Morille ne serait pas complète sans une référence à la « Morille géante » (*Morchella crassipes*) trouvée il y a quelques années dans ce pays, pour la première fois, par mon amie Miss Lott, de Barton Hall, South Devon. Cette espèce, qui atteint des dimensions énormes, n'est pas tout à fait aussi croustillante ni aussi rapide à sécher que la précédente, mais, comme objet de nourriture, elle est tout aussi exquise pour aromatiser les sauces et pour d'autres usages.

Champignon du foie. Figure 21.

(*Fistulina hepatica.*) 716.

Ce champignon singulier n'est pas toujours *commun* . Il pousse généralement sur les troncs de vieux chênes. Je l'ai vu en quantités immenses sur les chênes centenaires de la forêt de Sherwood, tandis que parfois les districts de chênes semblent singulièrement exempts de sa présence. Extérieurement, il ressemble à une très grande langue ou à un énorme morceau de foie qui sort de l'arbre et, lorsqu'il est incisé, un jus rouge en sort abondamment. Il s'agit véritablement d'un « steak de bœuf végétal », car son goût ressemble remarquablement à celui de la viande. Une bonne façon de le préparer est de le couper en fines tranches, de le faire griller avec un steak et de l'assaisonner de beurre, de sel et de poivre. Il présente une saveur *acide* légère mais très perceptible , qui donne un piquant et un piquant considérables à un plat de « steak de bœuf aux légumes », comme on l'appelle, ce qui en fait un « régal pour un épicurien ».

Il pousse rarement sur un arbre autre que le chêne, mais je l'ai vu sur le frêne, le hêtre et d'autres arbres.

Champignon porteur d'épines. Figure 22.

(*Hydnum repandum.*) 718.

Il n'y a pas lieu de craindre de le confondre avec une autre espèce, car les épines en forme de poinçon sur la surface inférieure sont un trait caractéristique du petit genre *Hydnum* . Toutes les espèces, quelle que soit leur taille, jouissent d'un bon caractère ; *Hydnum repandum* étant la seule plante *commune* du genre.

Il est parfois plus abondant dans les quelques endroits boisés restant au nord de Londres et peut souvent être trouvé sur les bords de route ombragés par temps humide de l'automne.

Son goût est légèrement piquant lorsqu'il est cru ; mais après avoir été soumis aux procédés culinaires de la cuisine, il constitue un ajout charmant à la table. Sa chair est très ferme et délicieuse ; cependant, étant quelque peu sec (comme fig. 11), l'ajout d'un peu de sauce ou de sauce donne un goût supplémentaire au ragoût.

La couleur du champignon est exactement comme celle d'un craquelin ; le sommet lisse est souvent irrégulier et la tige pure et solide est souvent décentrée. Le sommet participe parfois à une coloration plus chaude, presque sienne.

Champignon blanc visqueux. Figure 23.

(*Hygrophorus virgineus.*) 470.

Cette espèce, d'une forme et d'une saveur exquises, est l'un des plus jolis ornements de nos pelouses, de nos bas et de nos pâturages courts à l'automne de l'année. Dans ces situations, on peut le trouver dans toutes les parties du royaume. Il est essentiellement cireux et ressemble exactement à la cire vierge la plus pure. La tige est ferme, farcie et atténuée, et les branchies (singulièrement éloignées les unes des autres) s'étendent loin le long de la tige ; il change un peu de couleur en vieillissant, et devient alors impropre à l'usage culinaire.

Un lot de spécimens frais, grillés ou mijotés avec goût et soin, se révélera agréable, succulent et savoureux, et peut parfois être obtenu lorsque d'autres espèces ne sont pas disponibles.

Plusieurs espèces alliées jouissent de la réputation d'être esculentes, notamment *H. pratensis* et *H. niveus* ; et mon ami M. FC Penrose a mangé et parle favorablement de *H. psittacinus* , espèce jaune très ornementale, à tige verte, parfois assez commune dans les riches pâturages (et généralement *considérée* comme très suspecte).

Champignon assombri. Figure 24.

(*Agaricus* [*Clitocybe*] *nebularis.*) 78.

Commun (à certains endroits), mais rare près de Londres. Cette espèce apparaît tard en automne et pousse généralement sur feuilles mortes dans les endroits humides, principalement en lisière des bois. Le dessus est couleur plomb ou gris, d'abord gris *trouble* , d'où son nom ; la tige est robuste, élastique et striée, avec les branchies *blanches* qui descendent considérablement le long de la tige sans anneau, de la manière indiquée sur le dessin.

Les excellences gastronomiques de l'espèce sont bien connues. Une fois récolté, il dégage une odeur saine et puissante ; et une fois cuite, la chair ferme et parfumée a un goût particulièrement agréable et savoureux.

Puff-ball géant. Figure 25.

(*Lycoperdon giganteum.*) 930.

Cette espèce de puff-ball n'est pas toujours un « géant » et peut souvent être trouvée pas plus grosse qu'une pomme. C'est quelque peu local et je pense qu'il n'atteint des proportions gigantesques que dans certaines situations. J'ai, par exemple, vu des spécimens poussant dans de riches pâturages du Nottinghamshire, tellement plus gros que ce que le spécimen pensait que ce dernier apparaîtrait comme un parfait *nain* à côté d'eux. On peut le trouver, dans certaines prairies près de Highgate et de Hampstead, aussi grand que notre figure ; mais en effet, il y a peu de crainte de se tromper, si l'on prête attention à la peau lisse, comme le cuir de chevreau blanc.

Pour la cuisson, il faut choisir des spécimens jeunes, fermes et blancs comme neige, à l'intérieur comme à l'extérieur ; car lorsque le champignon devient mûr et jaunâtre et poussiéreux à l'intérieur, ou lorsqu'il est saturé de pluie et que l'intérieur est une masse de décomposition jaune, il faut bien sûr le rejeter.

Il est connu par sa grande taille, sa couleur blanc pur et sa *peau lisse* .

Pour bien cuire cette espèce, coupez les spécimens en tranches d'un demi-pouce d'épaisseur, retirez la peau ou l'écorce, trempez les tranches dans le jaune d'œuf et faites-les frire dans du beurre frais. Il mangera alors avec une saveur délicate et délicieuse ; ou servi avec de la confiture ou de la gelée, il constitue un excellent substitut à la pâtisserie.

Champignon poire-lait. Figure 26.

(*Lactaire volemum.*) 508.

Cette espèce est reconnue par sa coloration très riche, sa chair ferme, son goût doux, son lait blanc (évoluant vers une couleur terre d'ombre foncée terne là où la plante est meurtrie ou cassée), ses branchies blanches devenant jaune chamois chaud et son sommet plein de terre de Sienne ; la tige est solide et la plante pousse dans les bois.

Le goût de cette plante, lorsqu'elle est frite, a été comparé à juste titre au rein d'agneau et ressemble en saveur au seul autre Lactarius comestible, à savoir. *L. deliciosus* , fig. 11 . C'est une espèce rare dans ce pays.

Champignon de sapin blanc. Figure 27.

(*Agaricus* [*Clitocybe*] *dealbatus.*) 80.

Ce joli petit champignon pousse généralement dans et à proximité des plantations de sapins, mais apparaîtra occasionnellement ailleurs. Son sommet est blanc, lisse et *extrêmement semblable à l'ivoire* . Il est brillant, ondulé, charnu et enclin à être irrégulier ; les branchies sont fines, blanches et descendent le long de la tige.

Lorsque des spécimens propres, jeunes et frais sont grillés avec du beurre, c'est un mets délicat du plus haut degré, à la fois tendre, juteux et délicieux. Sa saveur charmante est dépassée par très peu d'autres champignons.

Plusieurs espèces alliées sont très bonnes, notamment *Agaricus odorus* , qui exhale une odeur de mélilot des plus délicieuses.

J'avais l'habitude de manger toutes sortes de choses pour cette espèce avant de bien la connaître, et je ne me suis jamais senti plus mal à cause des erreurs que j'avais commises. Il serait inutile de tous les énumérer ici, sans figures ni descriptions, mais l'un d'eux était l' *Agaricus subpulverulentus commun* .

Champignon aux anneaux de fée. Figure 28.

(*Marasmius oreades.*) 553.

Si possible, cette espèce est meilleure que la précédente, et aucune recommandation ne peut être trop forte à son égard. La saveur délicieusement riche et délicieuse de cette plante grillée avec du beurre doit être goûtée pour être comprise. Il est plus ferme que le champignon des prés et, tout en ayant son arôme particulier, il le possède sous une forme concentrée. Même M. Berkeley, qui serait le dernier homme au monde à souscrire à une espèce douteuse, dit : « *c'est le meilleur de tous nos champignons* ». Il peut être mariné, utilisé pour le ketchup ou séché pour une utilisation future.

Marasmius oreades pousse partout en anneaux dans les pâturages courts, sur les collines et au bord des routes (*mais jamais dans les bois*). Il est un peu coriace, particulièrement la tige solide, les branchies bien écartées et de couleur crème.

Cette espèce n'a pas de poils duveteux à la base de la tige. Certaines autres espèces de *Marasmius* , qu'on trouve fréquemment sur les feuilles mortes des bois, et qui possèdent ce duvet poilu, sont à éviter. Il existe une plante vénéneuse que l'on trouve parfois dans des situations similaires, et souvent *avec* le Champignon aux anneaux de fée (*M. urens*), <u>fig. 30, Feuille empoisonnée</u> . J'ai testé une fois ses qualités (par hasard). <u>Voir description.</u>

Truffe. <u>Figure 29.</u>

(*Tuber æstivum.*) 1916.

La truffe est un champignon souterrain, invariablement trouvé sous les arbres, apparaissant souvent à peine au-dessus de la surface du sol, et occasionnellement exposé à la vente sur nos marchés, où il atteint parfois jusqu'à 5 *s.* par livre. La truffe est considérée par beaucoup comme l'aliment le plus délicieux de tout le règne végétal, et par d'autres elle est considérée avec aversion ou dégoût positif. L'odeur est très puissante et est appréciée par certains individus et très détestée par d'autres. On le considère comme un mets délicat bouilli ou simplement rôti dans la cendre chaude.

Outre la truffe vendue au marché de Covent Garden, il existe dans ce pays de nombreuses autres espèces, de formes et de qualités diverses. *T. æstivum* varie beaucoup en taille, est de forme irrégulière, noir, rugueux et verruqueux.

Je dois avouer qu'au début, je considérais la truffe avec dégoût ; mais maintenant j'ai appris à l'estimer beaucoup. C'est un ingrédient essentiel pour les sauces, les farces et les pâtés à la viande.

Il est fréquemment désigné sous le nom de *T. cibarium* .

CHAMPIGNONS TOXIQUES.

Champignons souches en paquets. <u>Fig. 1.</u>

(*Agaricus* [*Hypholoma*] *fascicularis.*) 331.

Cette espèce est présente partout à la base des vieilles souches, toujours en groupe. La tige est creuse et les branchies sont verdâtres et subdéliquescentes. Il dégage une forte odeur et un goût amer et répugnant.

Jus de Champignon Rouge. <u>Figure 2.</u>

(*Hygrophorus conicus.*) 482.

Ce champignon vraiment beau est commun dans les pâturages et au bord des routes. Il devient violet-noir lorsqu'il est meurtri, cassé ou vieux, et il dégage une odeur forte et très répugnante.

C'est une substance succulente, et il n'est pas rare qu'elle soit d'un jaune brillant ou d'un orange foncé, au lieu du cramoisi ou de l'écarlate.

Clathrus treillissé. <u>Figure 3.</u>

(*Clathrus annulatus.*) 917.

Je suis redevable à feu Mme Gulson, d'Eastcliff, près de Teignmouth, Devon, pour l'usine originale d'où ce chiffre a été tiré. Il est d'une extrême beauté et rare, rarement présent dans ce pays, mais assez commun dans le sud de l'Europe.

Le fœtor exhalé par cette espèce est très désagréable et ne peut être comparé qu'à lui-même. C'est si horriblement repoussant et répugnant qu'il devient extrêmement difficile de procéder au simple examen de la plante. A l'état jeune, l'odeur est moins forte ou totalement absente.

Champignon fétide du cuir. <u>Figure 4.</u>

(*Thelephora palmata.*) 760.

Ce champignon mou présente une ressemblance lointaine avec certaines espèces de Clavaria. Il est rare, pousse sur le sol et possède une odeur très désagréable.

Champignon aux branchies olive. <u>Figure 5.</u>

(*Agaricus* [*Hypholoma*] *sublateritius.*) 328.

Cette plante est alliée à <u>la fig. 1</u>, et, comme lui, pousse sur de vieilles souches dans les bois et a aussi une odeur désagréable.

Champignon astringent. Figure 6.

(*Panus stypticus.*) 582.

Est très commun sur les vieux arbres morts et les souches dans les bois, et il vaut mieux l'éviter.

Champignon porteur de matrice. Figure 7.

(*Agaricus* [*Amanite*] *Phalloides.*) 2.

Commun partout dans les bois ; ce bel Agaric est connu pour être très dangereux. Il est allié à la fig. 8 , comme on le verra en jetant un coup d'œil aux figures.

Toutes les parties sont presque blanches, à l'exception du sommet, qui prend généralement une teinte pâle de jaune ou de vert atténué.

Champignon de printemps venimeux. Figure 8.

(*Agaricus* [*Amanite*] *vernus.*) 1.

Appartenant à un groupe très suspect, cet Agaric est censé être très venimeux. Il pousse dans les bois, *au printemps* , et est blanc dans toutes ses parties.

C'est rare, mais je l'ai trouvé près de Londres.

Champignon Pie. Figure 9.

(*Coprinus picaceus.*) 379.

Ceci aussi est également rare, bien que dans certains endroits, comme dans les bois du Herefordshire, ce ne soit pas rare. C'est une plante très belle mais d'apparence suspecte, avec le sommet divisé en grandes taches noires et blanches. Il pousse au bord des routes et dégage une odeur désagréable.

Champignon tube sombre. Figure 10.

(*Boletus luridus.*) 607.

C'est un des plus beaux ornements de nos bois et de nos lieux boisés. La teinte dominante est l'ombre, relevée en dessous par un rouge vif, se rapprochant parfois du pourpre, voire du vermillon ; lorsqu'il est cassé ou meurtri, il change rapidement de couleur en bleu. Il est très commun partout où il y a des arbres et apparaît souvent au début de l'année. Il est probablement plus ou moins toxique, même si j'ai su qu'il était consommé sans effets *mortels* .

M. Penrose trouva un jour un spécimen aussi grand qu'un tabouret de traite et mesurant exactement trois pieds de circonférence.

Champignon de lait saisissant. <u>Figure 11.</u>

(*Lactarius torminosus.*) 488.

Ce champignon dangereux se reconnaît immédiatement à la marge velue du sommet, qui est enroulée vers l'intérieur. Le lait qui s'écoule lorsque la plante est cassée est âcre et mordant, et ne change pas de couleur comme le fait <u>la fig. 11, feuille comestible</u> et <u>fig. 20</u> et <u>28, Feuille Toxique</u> .

Bien que cela soit considéré comme courant, je pense que c'est quelque peu rare ; on le rencontre de temps en temps en spécimens solitaires dans les bois et les lieux ouverts près de Londres.

Champignon de lait ruddy. <u>Figure 12.</u>

(*Lactarius rufus.*) 512.

C'est l'un des champignons britanniques les plus mortels et il pousse généralement dans les bois de sapins ; le lait blanc est singulièrement âcre et corrosif, ce qui est peut-être son meilleur signe distinctif. Il ressemble quelque peu à <u>la fig. 26, Feuille comestible</u> , mais le lait du *L. volemum* est doux et change de couleur en brun foncé lorsqu'il est exposé à l'action de l'air ; tandis que chez *L. rufus* , il reste blanc et le lait est très piquant.

Champignon volant. <u>Figure 13.</u>

(*Agaricus* [*Amanite*] *muscarius.*) 3.

Peu de champignons peuvent surpasser en beauté cette espèce bien connue. Il est plutôt local et aime les bois de bouleaux, où il rend parfois le sol presque écarlate par sa croissance abondante. Parfois, le dessus est jaune foncé ou orange, mais il est généralement écarlate brillant ; si la peau supérieure est enlevée, la chair juste en dessous apparaît jaune vif et le reste de la chair blanc. Il est allié à <u>la fig. 1, Feuille comestible</u> , mais la chair de cette dernière n'est pas jaune sous la peau ; et *A. rubescens devient rougeâtre* dans toutes ses parties dès qu'il est meurtri ou brisé.

Champignon forestier toxique. <u>Figure 14.</u>

(*Agaricus* [*Entoloma*] *sinuatus.*) 212.

Il s'agit sans aucun doute d'une plante très toxique, car j'en ai fait cuire un très petit morceau pour le déjeuner, et j'ai failli en mourir empoisonné.

Je n'ai pas mangé la vingtième partie du spécimen récolté - je suis sûr que pas même un quart d'once - et le goût n'était en aucun cas désagréable. Mais notez le résultat. (Il faut aussi garder à l'esprit que, même si je suis tombé si dangereusement malade, je n'ai jamais *soupçonné le champignon, jusqu'au dernier moment* . J'étais un mangeur de champignons si confirmé que j'ai attribué mes symptômes à autre chose qu'à la véritable cause.)

Environ un quart d'heure après le déjeuner, *je quittai la maison* et fus immédiatement envahi par un étrange sentiment de nervosité, de tristesse et de tristesse, tout à fait nouveau pour moi. Bientôt un violent mal de tête ajouta ses charmes à mes sentiments, puis une nage cérébrale commença, avec de violentes douleurs à l'estomac.

J'avais maintenant de grandes difficultés à me tenir debout ; mes sens semblaient tous me quitter, et chaque objet semblait se déplacer avec une *immobilité semblable à celle de la mort* d'un côté à l'autre, de haut en bas, ou de rond en rond.

Plus mort que vif, je rentrai bientôt chez moi, et fus horrifié d'en trouver *deux autres* (que j'avais invités à prendre part à mon repas) exactement dans le même état que moi. A ce moment, et pas avant, j'ai pensé à *Agaricus sinuatus* . Ces deux autres avaient souffert exactement comme moi, et nous étions apparemment tous les trois en train de mourir rapidement. Ils furent cependant attaqués de violents vomissements, qui, j'imagine, contribuèrent à hâter leur guérison ; car après quelques jours de maladie et de nausées (avec assistance médicale), ils se sont rétablis ; mais il n'en était pas ainsi pour moi ; car, quoique j'eusse d'abord eu envie, je n'avais plus la force de vomir. Cependant, pendant la dernière partie de la première journée, j'étais si continuellement et si terriblement purgé, et je souffrais tellement de maux de tête et de troubles du cerveau, que je pensais vraiment que chaque instant serait le dernier.

J'ai été très malade pendant les quatre ou cinq jours suivants ; souffrait de dégoût et de lassitude; tomba dans un sommeil profond, long et troublé ; je trouvais parfois toutes mes articulations assez raides ; à d'autres, je trouvais tout nageant devant moi ; et ce ne fut qu'au bout de quinze jours que tous les dérangements corporels me quittèrent.

La figure 14 est un portrait de la plante en question, pris avant le début des opérations culinaires. Personne, après avoir vu cette image, ne peut manquer de reconnaître la chose elle-même si elle est trouvée. Il est grand, a des branchies de couleur chair terne, le sommet est un peu duveteux, il sent la farine et pousse dans les bois.

On le trouve toujours avec parcimonie en automne dans les bois au nord de Londres.

Champignon de lait ardent. Figure 15.

(*Lactarius piperatus.*) 500.

J'imagine qu'il existe très peu d'espèces plus dangereuses dans ce pays que celle-ci. Le lait est si fondamentalement et si puissamment âcre que, s'il peut couler sur des mains tendres, il piquera comme le contact des orties ; et si une goutte est placée sur les lèvres ou sur la langue, la sensation est comme la brûlure d'une eau bouillante ou la brûlure d'un fer rouge.

Il est commun dans tous les bois ; est particulièrement ferme et solide, mais plutôt cassant. Sa couleur est tantôt blanche comme neige, tantôt elle tend un peu vers le crème ; le lait est blanc, immuable, et généralement abondant.

Champignon fétide. Figure 16.

(*Russula foetens.*) 530.

Moins rigide que les autres *Russules* , cassante et collante dans toutes ses parties, toujours mangée par les limaces et possédant une odeur humide insupportable qui ne peut être comparée à rien dans la nature, cette espèce ne peut en raison être que délétère et pernicieuse pour la vie humaine. . Les limaces l'apprécient certainement beaucoup ; car, bien qu'il soit l'une de nos espèces les plus communes, il est invariablement mangé par les limaces : fréquemment les branchies sont couvertes de ces créatures, ou même complètement rongées.

Champignon taché de sang. Figure 17.

(*Russula sanguinea.*) 518.

Cette espèce âcre de Russula, qu'on trouve parfois dans les bois, n'est pas rare ; son sommet rouge sang bien marqué et *sa substance ferme* le distinguent à la fois des autres espèces. Les branchies sont blanches et descendent un peu le long de la tige.

Champignon de lait livide. Figure 18.

(*Lactarius pyrogalus.*) 498.

Le lait blanc très âcre qui s'échappe abondamment de cette plante, son sommet déprimé et zoné, sa coloration livide particulière et ses branchies jaunâtres la distinguent des autres champignons de lait.

Il pousse dans les bois et les prairies.

Fausse Chantarelle. Figure 19.

(*Cantharellus aurantiacus.*) 540.

Est connue par sa plus petite taille, ses branchies étant beaucoup plus fines et plus encombrées que chez la vraie chantarelle ; la tige est souvent d'ombre profonde à la base et les branchies ou nervures sont plus foncées que le sommet.

C'est une espèce à rejeter à des fins culinaires.

Champignon jaune au lait. Figure 20.

(*Lactarius theiogalus.*) 503.

C'est une belle plante, à l'odeur loin d'être désagréable. Il est *parfois* dépourvu des zones du dessus qui sont représentées sur notre figure, mais il se reconnaît immédiatement au changement de couleur qui s'opère dans le lait lors de la rupture du champignon ; c'est d'abord d'un blanc pur, mais en moins d'une minute le lait vire au jaune brillant.

Il n'est pas rare et peut généralement être trouvé à Hampstead dans les bois ; et c'est censé être toxique.

Champignon émétique. Figure 21.

(*Russula emetica.*) 528.

C'est une espèce magnifique mais certainement rare, mais elle a une très mauvaise réputation et est censée posséder des qualités très dangereuses. La peau est écarlate et peut être facilement décollée, et alors la chair rose apparaît en dessous, ce qui est sa grande caractéristique ; les branchies sont d'un blanc pur et n'atteignent pas la tige ; le dessus est très poli et varie de l'écarlate et du cramoisi à une légère couleur rose, et peut de temps en temps être trouvé ombré de violet.

Il atteint une grande taille et aime les endroits humides des bois et le voisinage des arbres.

Bousier visqueux-champignon. Figure 22.

(*Agaricus* [*Psalliota*] *semiglobatus.*) 327.

Ce petit agaric collant extrêmement commun pousse dans les pâturages, sur le fumier, partout ; la tige est recouverte d'une bave épaisse et gluante.

Il est considéré comme toxique.

Champignon sulfureux. Figure 23.

(*Agaricus* [*Tricholoma*] *sulfureus.*) 55.

Dans les endroits boisés du sud de Londres, cette espèce très désagréable mais belle fait de temps en temps son apparition. Il dégage une odeur pénétrante particulièrement désagréable, qui a été comparée au « goudron de gaz ». La tige est ferme, comme la plante entière, et de couleur soufre.

C'est probablement une espèce très dangereuse, mais je l'ai rarement rencontrée.

Champignon incrusté. Figure 24.

(*Agaricus* [*Hebelonia*] *crustuliniformis.*) 278.

Poussant dans les bois, cette espèce délétère est extrêmement commune et sans doute très dangereuse. Les branchies sales d'ombre pâle, ainsi que leur habitat et leur période de croissance, à savoir. l'automne, distinguez-le immédiatement du délicieux *A. gambosus* , fig. 19, Feuille comestible . Il a une odeur puissante et très désagréable et des spores brunes, et nous pensons que les ignorants le prennent souvent pour le vrai champignon.

Champignon vert-de-gris. Figure 25.

(*Agaricus* [*Psalliota*] *æruginosus.*) 322.

La couleur vert-de-gris du dessus de ce champignon n'est pas permanente, mais consiste en une bave verte qui est rapidement emportée par la pluie, squameuse d'écailles blanches. La tige est creuse et le sommet charnu.

Il pousse généralement autour des souches, c'est un champignon très beau et sans aucun doute toxique.

Champignon tube ardent. Figure 26.

(*Boletus piperatus.*) 597.

N'atteint jamais une taille plus grande que l'échantillon sur la feuille ; en effet, c'est l'un des plus petits de tous les *Boleti* . Le goût est très âcre ; elle est donc considérée avec de graves soupçons, et c'est probablement une plante très dangereuse.

Il pousse dans les bois, mais est rare.

Champignon tube satanique. Figure 27.

(*Boletus Satanas.*) 606.

Je pense que j'ai rassemblé le spécimen à Crab-tree Wood, près de Winchester, lors d'une excursion architecturale à St. Cross. Je n'en ai vu qu'une seule fois ailleurs, bien que ma défunte amie Mme Gulson, d'Eastcliff, me l'ait envoyé plusieurs fois depuis le quartier de Teignmouth.

C'est sans aucun doute le plus splendide de tous les *Boleti* . Le dessus est presque blanc, très charnu et un peu visqueux ; la tige est ferme, d'une couleur exquise et magnifiquement réticulée ; la surface inférieure est pourpre brillant. Il atteint généralement une grande taille, pousse dans les bois et dès qu'il est cassé ou meurtri, il vire au bleu.

Selon toute vraisemblance, il est hautement toxique.

Champignon de lait piquant. Figure 28.

(Lactaire acris.) 505.

Comme son nom l'indique, c'est un champignon très âcre et dangereux. On dit qu'il est rare, mais je l'ai parfois connu extrêmement abondant dans les bois près de Londres. Lorsqu'ils sont coupés ou cassés, la chair et le lait blanc se transforment en un rouge terre de Sienne terne ; cela le distingue de tous les autres champignons. Pour observer le changement de couleur, il faut parfois un peu de patience ; car j'ai connu une demi-heure, ou même une heure, avant que le changement de couleur se manifeste.

Champignon tube amer. Figure 29.

(Boletus felleus.) 617.

On dit qu'il est rare, mais généralement abondant dans la forêt d'Epping. Je l'ai trouvé en abondance dans le Nottinghamshire et je le connais bien ; c'était le premier Boletus que je dessinais, et j'étais alors presque en train de le manger pour *Boletus edulis* .

Le goût amer de *B. felleus* , les *tubes couleur chair* , la couleur chair du sommet lorsqu'il est cassé, la tige réticulée et les spores roses sont les signes distinctifs de cette espèce. C'est toxique.

Faux Champignon. Figure 30.

(Marasmius urens.) 550.

Le port plus élancé, la tige farineuse, la base duveteuse blanche et les branchies plus étroites, plus foncées et plus encombrées distinguent cette contrefaçon du vrai champignon (fig. 28, Feuille comestible). Il accompagne parfois cette dernière plante, mais avec des soins ordinaires, il peut être détecté en un instant. Il pousse dans *les bois* , ainsi que dans les pâturages et au bord des routes.

Je pense que j'en ai été empoisonné une fois dans le Bedfordshire. Je me souviens bien qu'un soir, en rentrant chez moi, j'avais ramassé une quantité de champignons pour le dîner ; et comme il faisait sombre, j'imagine que j'ai dû rassembler les deux espèces. Je ne les ai pas cuisinés moi-même, je ne les ai pas non plus examinés après les avoir retirés du panier ; mais j'ai remarqué à l'heure du souper qu'ils étaient inhabituellement chauds, et j'ai pensé que la vieille femme qui les cuisinait avait mis trop de poivre dans le ragoût. Je n'ai jamais soupçonné les champignons.

Environ une demi-heure après y avoir participé, ma tête a commencé à me faire mal, mon cerveau à nager et ma gorge et mon estomac à brûler, comme au contact du feu. Après avoir été malade pendant quelques heures, une terrible crise de purges et de vomissements survint, qui parut bientôt me remettre sur pied ; car au bout d'un jour ou deux, je n'en étais pas plus mal.

Sorcière des bois fétide. Figure 31.

(*Phallus impudicus.*) 914.

C'est un grand ornement pour nos bois, mais ses effluves vraiment horribles dépassent toute description ; les organes nasaux détectent sa présence à une longue distance, et lorsqu'on s'en approche, l'odeur répugnante est indescriptiblement révoltante. Les mouches, cependant, semblent l'apprécier beaucoup ; car ces *Phalli* sont invariablement couverts de mouches, qui dévorent avidement le repas odorant et liquide qu'on trouve au sommet de la tige. Il est plus abondant dans les endroits boisés du nord de Londres, tout au long de l'été jusqu'à la fin de l'automne.

Si cette espèce n'avait pas été réellement mangée, avec plusieurs autres champignons singuliers, offensants et dangereux figurés sur cette feuille, il n'aurait guère été nécessaire de le figurer ou de s'y référer du tout.

LA FIN.

The linked image cannot be displayed. The file may have been moved, renamed, or deleted. Verify that the link points to the correct file and location.

- 33 -